小苏打+醋

(日) 小苏打生活研究会 **著**
冉剑玲 **译**

全方位扫除 188 招

辽宁科学技术出版社
·沈阳·

TITLE：[「重曹+酢」で徹底おそうじ]
by：[重曹暮らし研究会]
Copyright © STUDIO DUNK/FUTABASHA 2006 Printed in Japan
Original Japanese language edition first published in Japan in 2006 by Futabasha Publishers Co., Ltd.
All rights reserved. No part of this book may be reproduced in any form without the written permission of the publisher.
Chinese translation rights arranged with Futabasha Publishers Co., Ltd.
Tokyo through Nippon Shuppan Hanbai Inc.

图书在版编目（CIP）数据

小苏打+醋全方位扫除188招/（日）小苏打生活研究会著；冉剑玲译. —沈阳：辽宁科学技术出版社，2010.4
ISBN 978-7-5381-5832-8

Ⅰ.①小… Ⅱ.①小…②冉… Ⅲ.①碳酸氢钠-应用-家庭-清洁卫生②食用醋-应用-家庭-清洁卫生 Ⅳ.①TS976.14

中国版本图书馆CIP数据核字（2009）第235079号

策划制作：北京书锦缘咨询有限公司(www.booklink.com.cn)
总 策 划：陈 庆
策　 划：陈 杨　张丽群
装帧设计：周 军

出版发行：辽宁科学技术出版社
　　　　　（地址：沈阳市和平区十一纬路 29 号　邮编：110003）
印 刷 者：北京地大彩印厂
经 销 者：各地新华书店
幅面尺寸：182mm×210mm
印　 张：5.5
字　 数：39千字
出版时间：2010年4月第1版
印刷时间：2010年4月第1次印刷
责任编辑：谨 严
责任校对：合 力

书　 号：ISBN 978-7-5381-5832-8
定　 价：29.80元

联系电话：024-23284376
邮购热线：024-23284502
E-mail：lnkjc@126.com
http://www.lnkj.com.cn
本书网址：www.lnkj.cn/uri.sh/5832

前言

用"小苏打+醋"进行清洁，更轻松、更放心

迄今为止，小苏打的使用方法在很多杂志和书籍中都介绍过，想必已经广为人知。既环保又用途广泛的小苏打，受到了很多人的青睐。但是，只用小苏打有的污渍还是难以去除。本书中，对非常难对付的污渍，推荐使用"小苏打+醋"的组合。醋的杀菌作用很早就被人们认识，再跟小苏打一起使用，任何污渍都无处可藏。

小苏打生活研究会

目录 Contents

厨房的清洁 ··· 28

卧室、玄关的清洁 ·· 52

浴室、卫生间的清洁⋯⋯⋯⋯⋯⋯⋯⋯⋯ 76

其他物品的清洁 ··············· 100

活用 "小苏
彻底清除顽

打+醋"的发泡作用，
固污渍！

把小苏打和醋一起用于清洁时，它们会发生化学反应，冒出很多小泡泡。这些小泡泡，就是把污渍清洗掉的强效"武器"。另外，在小苏打清洁作用基础上，再喷上雾状的醋，就可以取得良好的抗菌效果。

使用"小苏打+醋"进行家庭清洁，不但可以去除污渍，还具有抗菌的作用。

"小苏打+醋"的清洁秘诀
发泡作用和抗菌作用

"小苏打+醋"的组合，让清洁效果倍增。这个组合主要有两大作用：利用了小苏打和醋发生化学反应的"发泡作用"，利用了使用喷雾器在表面喷涂醋的"抗菌作用"。如果我们能够分清两者的不同并加以活用，家庭清洁就会变得更加简单、更加轻松了。

了解一下两种作用的特点

发泡作用
=利用小苏打和醋的化学反应

　　小苏打与酸性的醋发生反应后，会产生CO_2，冒出小泡泡。这些泡泡裂开，就会溶解周围的污渍，使之容易清除。在其发生反应时，如果把醋加热，效果会更好。

抗菌作用
=清洁之后再喷上醋可以预防细菌

　　醋有很强的杀菌作用。因此，用小苏打清洗干净之后，在表面喷上一层醋，利用醋的抗菌作用，可以使器具保持清洁。

清除污渍的"发泡作用"

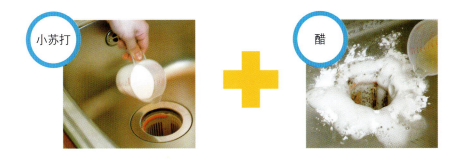

小苏打

醋

用小泡泡清除污渍

利用小苏打和醋发生反应时产生的泡泡来清除器具上的污渍。在倒上醋之前，如果先将有污渍的部分擦干净，效果会更好。

提高清洁效果的"抗菌作用"

小苏打

醋

喷上醋来消灭细菌

用小苏打清除污渍之后，最后喷上一层雾状醋水，这样就可以防止细菌的繁殖了。

Baking Soda

小苏打

小苏打去污能力强，对付异味也是游刃有余，是"万能去污品"。

环保无毒，安心安全的天然成分

从很早开始，在制作点心和去除涩味时用的就是小苏打。它的碱性属性，可以与酸性的油污和汗渍中和，让这些污渍变得容易清除。而且，小苏打的细小颗粒，可以研磨清除发霉物和尘埃附着物。另外，因为小苏打是自然界和人体中都含有的天然成分，安全性很高，环保无毒是非常优良的去污用品。在日常生活中的很多情况下，要善于利用小苏打，对身体、对环保来说，都是有益的。

小苏打的5个作用

1
研磨作用
小苏打的颗粒非常细小。这些颗粒充当了研磨剂的作用，效果很好。用小苏打不会损伤器具的表面，只需轻轻摩擦，就可以去除污渍。

2
除味作用
碱性的小苏打，与酸性异味发生反应，进行中和，就可以除去异味。除味作用可持续大约2个月。

3
中和作用
大多数的污渍都含有油和脂肪酸的酸性物质。碱性的小苏打可以与酸性物质发生反应，中和污渍，使其变成易溶解于水的物质，起到清洁作用。

4
发泡作用
小苏打在中和酸性的时候，会产生CO_2，出现小泡泡。这种泡泡可以使污渍脱离器具，容易清除。在家庭清洁中，常常利用小苏打和醋发生反应的发泡作用。

5
软化作用
小苏打可以减少水中的镁离子、钙离子等金属离子的数量，起到软化水的作用。大扫除、衣服清洗，甚至肌肤护理等，使用软水比较好。

4种基本使用方法

小苏打水

在500毫升水中加入两大勺小苏打，使其溶解均匀，然后把它装进喷雾器，用的时候，直接向有污渍的部分喷洒即可，非常方便。

※本书中的"小苏打"，指的都是小苏打粉。

小苏打粉

在需要清洗的部分撒上小苏打粉，用于除味。如果把小苏打粉装进有孔的调味料容器中，用起来会很方便。

小苏打糊

按照小苏打粉2~3份、水1份的比例，制成小苏打糊。把小苏打糊刷在污渍上，可方便清除污渍。因为小苏打糊不易溶解，在使用前要搅拌一下。

小苏打+精油

根据用途和喜好，可以在小苏打中加入精油，由于精油香味各异，在清洁时就可以领略到不同的感觉。但要注意精油的用量。

小苏打粉250克→精油20滴

小苏打水500毫升→精油10滴

小苏打糊→小苏打粉2大勺，水1大勺，精油1滴

药用、食用、工业用小苏打

药用
适用于皮肤护理、烹饪、
家庭清洁

食用
适用于烹饪

工业用
适用于家庭清洁

根据纯度不同，小苏打分为药用、食用和工业用3种。纯度高的药用小苏打，可以通用于皮肤护理、烹饪、家庭清洁等所有场合。相反，工业用小苏打不能用于皮肤护理、烹饪等。各类用途的小苏打制品都有明确的说明，所以在使用前一定要确认好哦！

污渍不同，使用方法也不同

污渍

小苏打糊

顽固污渍用
小苏打糊

喷雾

污渍面积大用小
苏打水

形状  面积

精油

清除异味可以
加入精油

粉末

小苏打粉使用
方便

臭味

不适用小苏打的物品

◎铝制品
　　小苏打和铝制品会发生化学反应，铝制品表面会变成黑色。清洗铝锅的时候，要特别注意哦！

◎榻榻米
　　灯心草中含有的蛋白质和小苏打发生反应后，榻榻米就会变成黄色。

◎白木
　　衣柜的白木吸收水分之后会产生蛀虫。小苏打水当然也会使其产生蛀虫，要注意哦！

◎精致衣物
　　不能水洗的精致衣物，最好不要用小苏打来清洗。

Vinegar

醋

溶解污渍
防止细菌繁殖
保持清洁

醋不仅仅有调味作用，还有抑制细菌繁殖的作用。生活中，醋可用于防止食品腐烂、清洗厨房用具等。酸性的醋可以渗透到水碱等碱性污渍中，清除掉污渍。另外，醋与碱性的小苏打发生反应后，可剥离、清除污渍。醋环保无害，是备受欢迎的家庭清洁用品。

醋的5个作用

1 渗透、剥离、溶解作用

醋中含有的氢离子，有渗透污渍，使其剥离、溶解的作用。因为醋是酸性的，它对碱性的污渍具有很强的清除作用。

2 抗菌作用

醋有抑制细菌繁殖的作用。众所周知，醋经常用于砧板的消毒和杀菌等。

3 除味作用

厕所的臭味，厨房的鱼腥味和客厅的香烟味等，都是属于碱性的污渍异味，可以被醋的酸性中和，达到除味效果。

4 中和作用

酸性的醋可以和碱性物质起反应，通过酸碱中和作用，发挥清洁效果。醋与碱性的小苏打一起使用，也是通过中和作用来达到清洁效果的。

5 还原作用

醋还有防止金属生锈的作用，因为醋中含有的氢离子具有使生锈金属的氧离子脱离还原的作用。

基本使用方法和注意事项

醋水

    按照醋1份、水2~3份的比例兑成醋水，然后把醋水倒入喷雾器中，清洁时直接喷在污渍上即可，使用方便。

醋水+精油

    如果不喜欢醋的酸味，可以在醋水中加入精油。但是，要注意精油的量。

    醋150毫升+水350毫升 → 精油10滴

原醋

    不进行稀释而直接使用的醋。醋与小苏打一起使用时，也可以进行加热。在家庭清洁中使用的醋，一般是谷物醋。

切勿把醋和含氯的洗涤剂混合！危险！

    一定要注意避免醋与市场上销售的含氯的洗涤剂混合使用。如果醋和含氯的洗涤剂混合，就会产生有毒气体！危害人的健康。

可用柠檬酸代替醋

如果闻不惯醋味，也可以使用柠檬酸。柠檬酸是醋和水果中含有的成分之一，与醋的效果相同。柠檬酸是无味的粉末，在药店可以买到。

使用方法
兑成柠檬酸水使用
在1杯水中放入1小勺柠檬酸，使其溶解（与上页介绍的醋水使用方法相同），然后把柠檬酸水倒入喷雾器中，使用起来非常方便。
柠檬酸粉
清除顽固污渍时，直接把粉末状的柠檬酸撒向污渍处即可。

分类清洁

轻度　　　　　　　　　　污渍　　　　　　　　　　严重

醋水

清洁效果
· 抗菌作用
· 与小苏打发生反应
（不会残留白色痕迹）

原醋

清洁效果
· 溶解水碱
· 与小苏打发生反应
（剥离污渍）

适用于家庭清洁的醋

醋有很多种类，如果用来做家庭清洁，就使用带有"食醋"标志的醋吧！一般的"谷物醋"就足够用了。相反，要避免使用果醋、饺子醋等调味醋。如果加入调味料，在清洁之后就会留下痕迹，影响清洁效果。

不适宜用醋清洁的物品

◎大理石
醋和大理石如果发生反应，大理石表面就会留下污点，使其光泽消失。即使是稀释的醋，也会留下污点。

Soap

肥皂

环保无害，有很强的去污能力

　　从天然油脂中提取出来的肥皂，是对环境无害的物质。而且，因为它具有碱性，与同是碱性的小苏打一起使用，可以提高清洁效果。对付顽固污渍，即使不用合成洗涤剂，而是把小苏打、醋和肥皂等搭配使用，也能彻底地去除。环保且去污能力强的肥皂，是大扫除的好伙伴。

基本使用方法

肥皂粉

　　在温热的1杯水中，加入肥皂粉1大勺，溶解后使用。如果时间较长，就会变成固体，因此少做一点即可。

肥皂块

　　家庭清洁时，把肥皂溶解后使用，先用擦板将肥皂块磨成粉末之后，再溶于水使用。

肥皂的种类

固体、粉末和液体肥皂

　　这3种肥皂，可以根据用途自由选择使用。适用于家庭清洁的是粉末与液体肥皂。

选择标明"肥皂质地"的产品

　　用于家庭清洁的肥皂，可以选择标记着纯度和肥皂质地的产品。

肥皂的作用

去污作用

　　肥皂能使油污溶于水，易于清除，这就是去污作用。肥皂分子把油污包围起来，相互混合之后，油污会渐渐变小。因此，肥皂能够把油污尽可能地还原成跟水相近的性质，是环保的清洁用品。

Essential Oil

清洁用品 **4**

精油

丰富的芳香汇集着自然的力量

　　精油是指从植物中提取出来的、挥发性很高的液体。在精油中，植物的芳香凝聚在一起，清香迎面而来。在按摩中使用，身心都能够感受到精油的芬芳。在精油的作用中，对于清洁有帮助的就是"抗菌作用"和"消毒作用"等，不妨一试啊！

基本使用方法

小苏打+精油

不仅能够清除异味，而且可以发挥精油的清香作用，有着双重效果（详见P16的说明）。

醋水+精油

如果不喜欢醋的独特味道，可以加入精油，在淡淡的清香中进行家庭的清洁（详见P20的说明）。

精油的种类

精油有很多种，这里只介绍几种适用于家庭清洁的精油。

*茶树精油
→抗菌杀菌作用

*薄荷精油
→消毒作用

*迷迭香精油
→消毒作用

精油的作用

有助于清洁的作用

精油具有保护身体不受细菌侵蚀的抗菌、杀菌和消毒等多种功效。

放松身心的作用

精油的芳香可以让身心放松，有缓解压力、消除紧张并使心情舒畅等多种功效。

How to use this book

本书的使用方法

清洁方法和要点

清洁用品

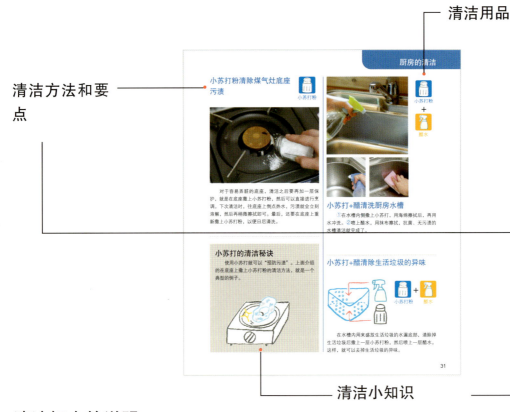

清洁小知识

清洁标志的说明

醋

没有稀释，原样使用的醋。

醋水

把醋溶解到温热的水中制成。做法参照P20。

小苏打糊

把小苏打溶解到少量温热的水中制成。做法参照P16。

小苏打水

把小苏打溶解到温热的水中制成。做法参照P16。

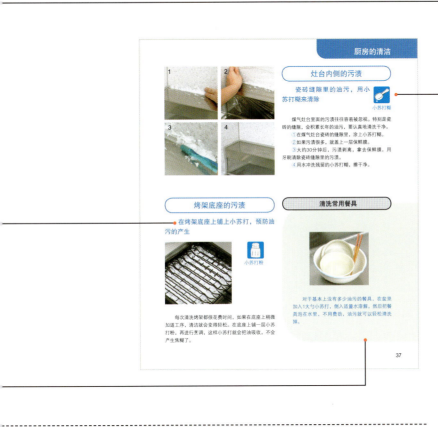

厨房的清洁

灶台内侧的污渍

瓷砖缝隙里的油污，用小苏打糊来清除

小苏打糊

煤气灶台里面的污渍往往容易被忽视。特别是瓷砖的缝隙，会积累长年的油污，要认真地清洗干净。
① 在煤气灶台瓷砖的缝隙里，涂上小苏打糊。
② 如果污渍很多，就盖上一层保鲜膜。
③ 大约30分钟后，污渍剥离，拿去保鲜膜，用牙刷清除瓷砖缝隙里的污渍。
④ 用水冲洗残留的小苏打糊，擦干净。

烤架底座的污渍

在烤架底座上铺上小苏打，预防油污的产生

小苏打粉

每次清洗烤架都很花费时间，如果在底座上稍微加道工序，清洁就会变得轻松。在底座上铺一层小苏打粉，再进行意调，这样小苏打就会把油吸收，不会产生焦糊了。

清洗常用餐具

对于基本上没有多少油污的餐具，在盆里加入1大勺小苏打，倒入适量水溶解，然后把餐具泡在水里，不用费劲，油污就可以轻松清洗掉。

37

● 本书中，1杯是指200毫升，大勺是指15毫升，小勺是指5毫升。
● 本书中介绍的清洁方法，使用的都是自然材料，而且效果很好。但是，由于物品的材质不同，也可能会出现变色、划伤等现象。木制品、皮革制品等精致物品，一定要先在不显眼的位置试一下，确定无误之后再清洗。电器产品等的保养，请根据说明书进行规范清洁。

小苏打粉
直接使用的小苏打。

肥皂
把固体肥皂和肥皂粉做成液体的方法，参照P23。

精油
用于家庭清洁的精油，在P25页有详细介绍。

厨房的清洁

撒上小苏打，再用醋抗菌

　　厨房中每天都要进行烹饪，污渍会不断产生。因为是烹制食物的地方，所以要格外注意保持清洁和安全。能够随处买到而且安全放心的小苏打和醋，就要发挥神奇的作用啦！

Kitchen

烹饪用具等的清洁也交给小苏打和醋吧！每天都清洗干净，可以延长使用寿命。

在烹制食物的厨房，最可怕的是细菌。用醋就可以很容易地做到杀菌抗菌。

对付排水口、炉灶等处的顽固污渍，用小苏打+醋效果很好。

小苏打和醋都是可以安心食用的。因此，它们不仅可以清洗污渍，还可以增加食物的美味。

用小苏打+醋处理顽固的油污和水垢

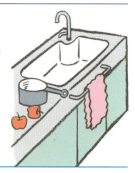

小苏打+醋清除煤气灶油渍

①调配好小苏打水和醋水后，在煤气灶温热的时候，先喷上小苏打水，擦拭油污。②擦干净后，再喷上醋水，用抹布擦干净，醋水还有抗菌作用。

小苏打水　醋水

肥皂+小苏打+醋清洁煤气灶底座

肥皂　小苏打粉　醋水

①有污渍的煤气灶底座，先用肥皂使污渍剥离。②再撒上小苏打粉，用清洁球摩擦，然后冲洗。③擦干水汽，喷上一层醋水，擦拭干净。这时煤气灶底座已经闪闪发光了。

小苏打糊清除支架污渍

小苏打糊　醋水

①在支架的污渍上涂上一层小苏打糊，稍等片刻。

②擦拭小苏打糊去除污渍，再喷上醋水。

小苏打粉清除煤气灶底座污渍

小苏打粉

对于容易弄脏的底座，清洁之后要再加一层保护，就是在底座上撒上小苏打粉，然后可以直接进行烹调。下次清洁时，往底座上倒点热水，污渍就会立刻溶解，然后再稍微擦拭即可。最后，还要在底座上重新撒上小苏打粉，以便日后清洗。

小苏打的清洁秘诀

使用小苏打就可以"预防污渍"。上面介绍的在底座上撒上小苏打粉的清洁方法，就是一个典型的例子。

小苏打粉

+

醋水

小苏打+醋清洗厨房水槽

①在水槽内侧撒上小苏打，用海绵擦拭后，再用水冲洗。②喷上醋水，用抹布擦拭，抗菌、无污渍的水槽清洁就完成了。

小苏打+醋清除生活垃圾的异味

小苏打粉　　　醋水

在水槽内用来盛放生活垃圾的水漏底部，清除掉生活垃圾后撒上一层小苏打粉，然后喷上一层醋水。这样，就可以去掉生活垃圾的异味。

小苏打+醋清除水漏的污渍

　　水槽内用来存放生活垃圾的水漏，撒上一层小苏打粉，然后用海绵擦拭。细小的部分，用牙刷刷掉污渍，然后用水冲洗，最后再喷上一层醋水。

小苏打粉

+

醋水

小苏打糊+醋清除水龙头的水垢

醋

+

小苏打糊

　　①水龙头的顽固污渍，可以用蘸有醋水的厨房用纸包起来，像给水龙头做面膜一样包2~3个小时。②拿掉纸，小块的污渍用牙刷蘸着小苏打糊来清洗。最后，用水冲洗，然后擦干。

小苏打+醋清除排水口的污渍

小苏打粉

+

醋

　　①在排水口撒上1杯小苏打粉。②排水口的污渍，用牙刷用力刷掉。③用微波炉把一杯醋煮沸，倒进排水口，2~3小时之后，再倒热水冲洗。

小苏打+醋清除垃圾桶的污渍

小苏打粉

醋水

　　清洁垃圾桶时，先撒上一层小苏打粉，再用牙刷仔细地刷。污渍清除掉后，用水冲洗，然后再轻轻地喷上一层醋水，增加抗菌作用。

用小苏打+醋安心清洁
烹调食物的地方

小苏打水

+

醋水

小苏打+醋清洗抽油烟机

做完饭后，抽油烟机有余热时，喷上小苏打水，用抹布擦拭污渍。然后再喷上一层醋水，擦干净。

小苏打粉

清洗排风扇

撒上小苏打粉，用湿海绵擦拭污渍，然后再用水冲洗擦干。

清洗顽固污渍

在长年积累着油污的排风扇上涂一层小苏打糊，用保鲜膜包上，放置1小时左右。然后去掉保鲜膜，喷上醋水，再用水冲洗擦干。

保鲜膜

小苏打糊

肥皂+小苏打粉+醋水清洗油壶

肥皂   小苏打粉   醋水

①湿海绵打上肥皂，起泡后，擦拭油壶上的污渍。②用水冲洗干净，再撒上小苏打粉，用干海绵轻轻擦拭。③再喷上一层醋水，用抹布擦干。

33

小苏打+醋清洗砧板

　　在整个砧板上都撒上小苏打粉，然后喷上醋水，使其产生泡泡。放置一段时间之后，用海绵擦拭砧板，去除污渍后，用热水冲洗。最后，用抹布擦干。

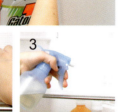

1

2　　3

小苏打+醋+精油清洗冰箱内侧

　　①在冰箱内的污渍上撒上小苏打粉。②用海绵擦掉污渍。③在醋水中加入自己喜欢的精油，喷洒在冰箱里，用抹布擦干。

小苏打糊+醋清除冰箱门框的污渍

　　藏在冰箱门框里的污渍，要用牙刷蘸着小苏打糊，一点点清除。去除污渍后，用抹布擦干净，再喷上醋水，擦干。

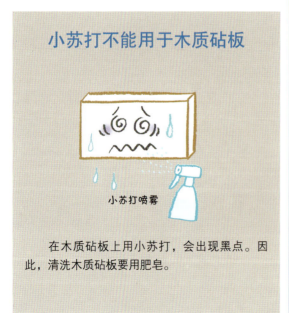

小苏打不能用于木质砧板

小苏打喷雾

　　在木质砧板上用小苏打，会出现黑点。因此，清洗木质砧板要用肥皂。

醋水清除壶中的水垢，小苏打清除外侧污渍

醋

醋 + 小苏打粉

①在热水壶中加入水，然后倒入50毫升的醋。②煮沸后放置一个晚上。然后，用海绵擦拭内壁，用水冲洗。③外侧的汗渍，撒上小苏打粉，用海绵擦洗干净。

小苏打+醋清洗厨房用家电的污渍

塑料和不锈钢制品的厨房用家电，在表面撒上小苏打粉后，用海绵擦拭，然后喷上醋水，擦干，只需两步。

小苏打粉 + 醋水

小苏打粉 + 醋水 + 精油

小苏打+醋+精油清洗微波炉和烤箱的油污

①因食物的油渍而变得黏糊糊的微波炉和烤箱，在玻璃窗上均匀地撒上小苏打。②用抹布或餐巾纸擦拭，去除污渍。③然后喷上加精油的醋水，用抹布擦干。

小苏打水

微波炉有异味时，将1杯小苏打水放进微波炉煮沸，然后用餐巾纸等擦掉内部的污渍。

烤箱的托盘大多是铝制品，注意不要使用小苏打。托盘以外的部分可以用小苏打来清除污渍，最后喷上一层醋水，用毛巾擦干。

小苏打粉

醋水

用小苏打进行厨房污垢的快速清洁

烤架上的焦痕

顽固油污，要用肥皂+小苏打来清洗，这样可令器具恢复光泽。

肥皂　　小苏打粉

烤架焦煳了，时间长就变得不容易清洗。使用后，最好马上就进行清洁，保持器具光亮。

①撒上小苏打粉，油污就会被小苏打吸收。

②在清洁球上倒入肥皂水。

③擦洗烤架，清除污垢。除掉污垢后，用水冲洗。

餐具的油污

沾满油污的餐具，用小苏打能很快清洗干净

小苏打粉

①沾满油污的餐具，要先用报纸或者抹布擦拭，然后，在上面撒上小苏打粉。

②放置一段时间之后，用海绵擦洗干净。

灶台内侧的污渍

瓷砖缝隙里的油污，用小苏打糊来清除

小苏打糊

煤气灶台里面的污渍往往容易被忽视。特别是瓷砖的缝隙，会积累长年的油污，要认真地清洗干净。

① 在煤气灶台瓷砖的缝隙里涂上小苏打糊。

② 如果污渍很多，就盖上一层保鲜膜。

③ 大约30分钟后，污渍剥离，拿去保鲜膜，用牙刷清除瓷砖缝隙里的污渍。

④ 用水冲洗残留的小苏打糊，擦干净。

烤架底座的污渍

在烤架底座上铺上小苏打，预防油污的产生

小苏打粉

每次清洗烤架都很花费时间，如果在底座上稍微加道工序，清洁就会变得轻松。在底座上铺一层小苏打粉，再进行烹调，这样小苏打就会把油吸收，不会产生焦煳了。

清洗常用餐具

对于基本上没有多少油污的餐具，在盆里加入1大勺小苏打，倒入适量水溶解，然后把餐具泡在水里，不用费劲，油污就可以轻松清洗掉。

长时间不用的刀叉勺等餐具上，会蒙着一层顽固污渍，这时，用"小苏打+醋"清洗，效果会很好。

①取等量的醋和小苏打，做成清洗溶液。②在生锈的部分加上清洗溶液，泡1小时左右，用牙刷等刷掉污渍，再用水冲洗。

用小苏打+醋对付顽固污渍

塑料制品除味

如果用水洗过后仍然有异味，就用醋水浸泡除味

醋

塑料制品特有的味道，可以通过浸泡醋水除掉。
①在盆里加水，然后倒入3大勺左右的醋。
②放入要清洗的塑料容器，稍微浸泡。然后用水冲洗擦干。

刀叉勺等餐具的污渍

小苏打的研磨作用让不锈钢和银制品都闪闪发光

小苏打粉

皮肤敏感的人，可以用布来擦拭去污。
①把刀叉勺餐具用水打湿，撒上小苏打粉。
②擦拭污渍，然后用水冲洗干净。

不同污渍，不同的使用方法
用小苏打清洗烹调用具的油污

焦煳的锅底

用浓度高的小苏打来清洗烧煳的锅底

小苏打粉

　　锅底的焦煳去不掉，就用小苏打水来进行清洗吧！由于把水煮沸，小苏打渗透到污渍中，就会容易清洗。

　　①加入正好能淹住锅底的水，然后放进去100克小苏打，使其溶解。加热使水沸腾，再放置一个晚上，充分浸泡。

　　②用海绵擦拭，把污渍去掉，再用水冲洗干净。

锅底的油污

用小苏打+醋来解决不容易清除的油污

 ＋

小苏打粉　　　醋

　　沾在锅底的顽固油污很难去掉，这时就要发挥小苏打和醋的双重功效，把油污彻底清除。

　　①首先，在锅里加入1杯水和1大勺小苏打。

　　②然后加入1大勺醋。

　　③搅拌均匀，加热使其沸腾。冷却之后，一点点地把污渍清洗掉，最后用水冲洗干净。

容易划伤的平底锅

利用小苏打的研磨作用，来清洁容易划伤的平底锅

小苏打糊

　　容易划伤的不沾平底锅，不可以用清洁球使劲擦。利用小苏打的研磨作用，可以将顽固污渍都清除掉。

　　①取出小苏打糊，放在海绵上。

　　②用海绵慢慢地擦拭平底锅上的污渍，然后用水冲洗。如果还沾有油渍，就再用海绵蘸着肥皂水，擦拭干净。

水壶的污渍

用小苏打清除不锈钢器皿上的污点和焦煳

小苏打粉

　　经常加热变得斑斑点点的不锈钢水壶，用小苏打清洗，就会变得闪闪发光。

　　①在水壶外侧有污点的地方撒上小苏打粉。

　　②用指尖用力地摩擦。

　　③污点去掉之后，用水冲洗干净。

铝锅的清洗

清洗铝锅不可以使用小苏打，用肥皂和醋来清洁吧

肥皂　+　醋水

用小苏打清洗铝锅会产生黑色的斑点。所以，要清洗铝锅就用肥皂和醋。

①取出适量的肥皂，挤在海绵上。

②用海绵来清洗铝锅。

③水洗之后，喷上一层醋水，用抹布擦干净，就具有抗菌的效果。

如果不小心使铝锅变黑……怎么办？

用小苏打清洁铝锅会引起化学反应，使铝锅变黑，所以一定要多多注意哦！

如果不小心使铝锅变黑，就把柠檬切成片，放入锅中，加水煮15分钟左右，锅就会重新变干净了。

细小污渍，都交给小苏打来处理吧

轻松清洗日常餐具和用具

玻璃杯的污渍

水垢和肥皂渣等污渍用醋水清洗

醋

容易弄脏的玻璃杯，可以用醋清洗。在厨房用纸上直接倒上醋，用它擦拭玻璃杯，污渍就会消失得无影无踪。

①在盆里加水，然后加入大约水的1/10量的醋。

②把玻璃杯放进盆里浸泡。

③浸泡5~6个小时，取出杯子用抹布擦拭。如果是顽固污渍，就浸泡一个晚上，效果会更好。

茶滤网的污渍

茶滤网的顽固污渍用小苏打糊清洗

小苏打糊

在难以清洗的茶滤网上均匀地涂上小苏打糊。

①手指抹上小苏打糊。

②在茶滤网的内侧和外侧涂上小苏打糊，用手指擦拭。最后，用水冲洗干净。

茶锈

小苏打粉

不用漂白剂，只用小苏打也可以把茶锈清洗干净

利用小苏打的研磨作用，轻松去除茶锈。

①把茶碗和咖啡杯用水弄湿，撒上小苏打粉。

②在残留茶锈的地方用手指擦拭，清除污垢。最后，用水好好地冲洗干净，干燥后放置留用。

水杯的异味

小苏打粉

水杯内部异味用小苏打来消除

对于内部很难清洗的水杯，就用小苏打定期清洁。即使有明显异味的时候再清洗，效果也很好。

①在水杯中加入水，再加入2大勺小苏打。

②盖上盖子，上下晃动。把水倒出来，反复用水冲洗干净。

使用小苏打后，手的清洁

使用小苏打后，手会变得滑腻。在手上喷上一层醋水，两只手相互搓洗，然后用水冲洗，就能轻松洗净。

过滤器的污渍

藏在过滤器里面的污渍用牙刷刷掉

小苏打粉

藏进过滤器槽里的污渍，就用小苏打清除。

① 过滤器内部用水打湿，撒上小苏打粉。

② 放置一会儿，用牙刷把槽里的污渍刷掉。再用水冲洗，干燥后留用。

果汁机的污渍

细小污渍和臭味用小苏打清除掉

小苏打粉

果汁机的细小污渍和臭味都很难清除。用这种方法能轻松去污，大家可以放心使用果汁机了！

① 在果汁机中加入半杯水，1小勺小苏打粉。

② 盖上盖子，按下按钮，搅拌大约30秒钟。

③ 倒掉杯中的水，用海绵擦拭内壁，同时用水冲洗干净。

每天勤于清洁
养成用小苏打+醋清洁的习惯

小苏打粉

菜刀的污渍

每天都用小苏打进行清洁，可延长菜刀的使用寿命

刀刃是菜刀的生命，只要每天都注意清洁，就能延长刀的使用寿命。还可用醋磨刀，使之更有光泽，不妨试试看哦（铁制的菜刀用醋磨就会生锈，切记不要用醋）！

① 在菜刀上撒上1小勺小苏打粉。

② 用海绵擦拭，用水冲洗后，用抹布擦干。

抹布的污渍和异味

抹布每天都用到，必须保持清洁。抹布用完之后，用小苏打清洗，要养成这个好习惯！

小苏打粉

在厨房发挥很大作用的抹布，实际上沾有很多细菌。如果清洗不干净，就会把厨房弄脏。要养成在厨房的各项工作结束之后，用小苏打把抹布清洗干净的习惯哦！

① 用完的抹布先用水洗净，再平铺开，撒上小苏打粉。

② 放置一会儿，用水漂清，展开后，晾干留用。

为海绵杀菌

用醋能轻松杀掉海绵上的细菌

醋

醋有抑制细菌繁殖的作用。利用醋的这个作用，在每天清洁的最后，把海绵泡在醋水里，能够轻松地杀菌，保持清洁。

①在盆里加入水，再加入3大勺醋，搅拌均匀。

②把清洗过的海绵放进盆里，浸泡一个晚上。第二天早上，把水拧干，晾干留用。

为橡胶手套除味

去除橡胶不透气产生的异味，让戴上和摘下手套都变得轻松

小苏打粉

使用手套的过程中，内壁会沾手，不能顺利地戴上和摘下。只要稍稍撒点小苏打，就能吸收湿气，让手套用起来更方便。令人讨厌的橡胶异味，也能通过小苏打的除味作用去掉。

①在橡胶手套内部撒上小苏打。封住手套口，上下摇动，使小苏打均匀散开。

②把手套里的小苏打抖出来，就可轻松方便戴上手套。

为制冰盘除污

制冰盘要用醋水清洗除味

醋

制冰盘里的白色污渍是水的钙质残留物，用醋水就可以清除。

① 在制冰盘里洒上水。

② 加入3大勺醋，浸泡大约2小时。最后，用水漂洗干净。

预防钢丝球生锈

清除顽固污渍的得力助手钢丝球，要防止其生锈

小苏打粉

钢丝球用完后，直接泡进小苏打水中。

在盆里加水，把钢丝球放进去。加入1小勺小苏打，浸泡一会儿。甩干之后，晾干留用。

简易灭火器的做法

小苏打还可以用于灭火，比如漏电产生的火灾，油烧着的火等。在大箱子里放上小苏打，在厨房里作为灭火器备用。

细心营造舒适生活
用小苏打+醋清除异味和污渍

保鲜盒的污渍和异味

不容易清洗的角落油污用小苏打就能彻底清除

小苏打粉

容易产生异味的保鲜盒，用小苏打可以防止异味和发黏。
①首先冲洗保鲜盒的污渍，在四个角撒满小苏打粉。
②用海绵擦拭，然后用水冲洗干净。

竹箅的污渍和异味

竹箅不能用洗涤剂，要用醋清洗

醋

①在盆里放满水，把竹箅放进去。加入1大勺醋，浸泡约30分钟。
②如果上面残留着异味，就喷上一层醋水，晾干留用。

一次性餐盒的除味

一次性餐盒扔掉之前稍加处理，既可除掉讨厌的异味，还可以防止细菌再生。

醋水

盛鱼和肉的一次性餐盒，腥味很难除掉。在扔进垃圾桶之前，喷上一层醋水，既可去味又可杀菌。

在托盘上喷上醋水，擦掉水汽，就可以扔进垃圾桶了。

去污剂的制作方法

在200克小苏打中加入50毫升肥皂液，搅拌均匀。再加入1大勺醋和自己喜欢的精油，就可制成去除顽固污渍的去污剂。

2

蔬菜的污渍

蔬菜上残留的农药用小苏打轻松去除

小苏打粉

利用小苏打的软化水作用，轻松地洗出放心干净的蔬菜。

①在盆里加水，把蔬菜放进去，加入1小勺小苏打粉，搅拌均匀。

②在小苏打水中，慢慢地洗净蔬菜。

※请使用食用小苏打来清洗。

虽然用小苏打就可以消除垃圾桶的臭味，但用精油也很不错！在棉花上倒入4~5滴精油，放在垃圾桶底部。推荐使用具有杀菌效果的茶树精油和薄荷精油。

用精油消除垃圾桶的臭味

清洗盛过纳豆的餐具

醋水

盛过纳豆的餐具用醋水清洗干净

如果像纳豆一样黏糊糊的食物粘到餐桌上，可使用醋水清洗。

①餐具上面的污渍必须及时清洗。

②在用过的餐具上，喷上一层醋水，约3分钟后，就可以轻松去除污渍。

垃圾箱的除味

小苏打粉

+

精油

利用小苏打的强效除味作用，保持厨房的清新舒适

在夏天，垃圾桶会留有异味。用小苏打+精油除味，可以享受到清新的香味。

①在垃圾桶里放进塑料袋，然后均匀撒上小苏打粉。

②也可以用加入精油的小苏打，根据个人爱好选择。

50

家庭清洁知识专栏

家庭清洁的新主角——柠檬酸

和醋有同样效果的柠檬酸，作为一种自然清洁材料，备受瞩目。闻不惯醋味的人们，不妨一试哦！

很早以前，人们就发现了醋具有清洁效果，主要作用就是抗菌。有实验表明，它对O-157（病原性大肠杆菌）有抗菌作用。

但是，在实际使用过程中，它独特的酸味又会让人感觉很不舒服。

鉴于此，和醋有同样作用的柠檬酸就进入了人们的视野。柠檬酸就是柠檬和柑橘类、醋等含有的酸味成分，也就是醋的主要成分。柠檬酸的清洁效果和醋是一样的，而且大多是无味的粉末状。

柠檬酸原本作为健康食品销售，自从它的清洁效果受到注意后，"家庭清洁用"柠檬酸就进入了市场。不管是柠檬酸还是醋，清洁效果没有什么差别，但是如果不喜欢醋味，就不妨尝试用柠檬酸。

柠檬酸和醋的清洁原理都是利用其酸性中和碱性的污渍。碱性污渍是指水垢、皮脂、肥皂渣、尿渍等。

相反，碱性的小苏打有清除油污等酸性污渍的作用。酸性的醋和柠檬酸，碱性的小苏打，这两种都是环保天然的材料，根据不同污渍要区分使用，它们逐渐替代了以前清洁能力强的市售洗涤剂，成为家庭清洁的主角。

本书介绍的柠檬酸，同醋和小苏打一样，是生活的好帮手。

卧室、玄关的清洁

去除灰尘和汗渍，发挥除味作用

　　作为生活中心的卧室，存在着各种各样的污渍。迎接客人的玄关，也是需要经常保持干净的地方。根据污渍种类不同，使用"小苏打+醋"，可以营造舒适的居住空间。

Living room
Entrance

窗框用小苏打糊用力刷洗，就能变得焕然一新。

在开口的容器里加入小苏打，只要放在壁橱和柜子的角落，就能轻松除味。

电脑键盘上的污渍，用蘸有小苏打水的抹布擦拭，污渍马上消失得无影无踪。

沾在纤维里难对付的油污，用"小苏打+肥皂+醋"的组合，可以彻底清除。

用**小苏打**+**醋**清除污渍和异味

小苏打+醋水清除窗户上的顽固污渍

平时在窗户上喷上醋水，用橡胶刷子擦拭干净。

顽固污渍的清除

 +

小苏打粉　　　醋水

①在打湿的海绵上撒上小苏打粉。②用海绵擦拭污渍。③喷上醋水后，用抹布擦干。

劳动手套清洁百叶窗

①用掸子掸掉百叶窗上的灰尘。

②把劳动手套放入肥皂和小苏打溶液浸湿，戴在橡胶手套外面。

③把百叶窗夹在戴着劳动手套的手指之间，清除污渍。戴上另一副劳动手套，在醋水中浸湿，然后戴在橡胶手套外面，以同样的方法擦拭百叶窗。

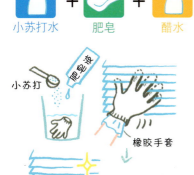

小苏打水　　肥皂　　醋水

木质百叶窗的清洁

①用掸子掸掉百叶窗上的灰尘。②把醋和橄榄油按照1：1的比例兑成溶液，把劳动手套浸在其中，然后戴在橡胶手套外面。③把百叶窗夹在劳动手套手指之间，慢慢地擦拭以清除污渍。

小苏打糊+醋水清除地板的污渍

小苏打糊　　醋水

①把地板抹布蘸满醋水，然后擦拭地板。②顽固污渍要涂上小苏打糊，放置一会儿。③污渍除掉后，在上面喷上醋水，用毛巾擦干。

1

2

3

小苏打粉

+

肥皂

+

醋水

小苏打+醋清除地板上的涂鸦

①在乱涂的蜡笔画上撒上小苏打粉。②在湿海绵上打上肥皂，使其起泡泡，然后用力擦拭。③清除掉乱涂乱画的涂鸦后，喷上醋水，用毛巾擦干。

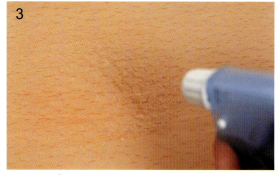

小苏打粉

+

小苏打糊

+

醋水

小苏打清除地毯的污渍

①在整个地毯上撒上小苏打粉。②为了让小苏打渗透到地毯中，用手涂均匀之后放置一个晚上。③第二天早上，用吸尘器吸走小苏打。④对于顽固污渍，要涂上小苏打糊，放置一会儿。⑤在上面喷上醋水，用毛巾擦干。

醋水清洗榻榻米

醋水

①在抹布上喷上醋水。②擦拭榻榻米之后，再把榻榻米擦干。

对于不能沾水的榻榻米，用茶叶渣清洁效果也很好。在榻榻米上撒上茶叶渣，用扫帚清扫，污渍就被清除得干干净净。

小苏打粉
+
醋水

小苏打+醋去除房间异味

　　利用醋水空气清新剂喷在室内之后，要进行换气。但是，让异味完全消除，还需要一段时间。

　　自制小苏打除味剂。在容器中加入1杯小苏打和自己喜欢的精油20滴，搅拌均匀。隔1个月要换一次。

小苏打粉

小苏打+醋清除天花板和墙壁的污渍

　　①在湿抹布上撒上小苏打粉，擦拭污渍。②用水擦洗之后，再擦干。

消除油烟污渍

醋水

　　①在海绵上喷上醋水。②用海绵轻轻擦拭天花板和墙壁。

小苏打+醋清除室内对讲机的污渍

①用喷了小苏打水的抹布擦拭。②细小部分用蘸有小苏打水的棉签清除。③喷上醋水，用毛巾擦干。

小苏打水

＋

醋水

醋

＋

小苏打粉

醋水清洁木质家具，小苏打清除顽固污渍

①把醋和橄榄油按照1∶1的比例兑成溶液，用抹布蘸取。②沿着家具边缘擦拭。③在抹布上撒上小苏打，擦拭顽固污渍，再蘸取①的溶液擦拭。

※没有涂漆的白木家具，不能用上述方法清洁。

小苏打+醋清洗开关

①用喷有小苏打水的抹布擦拭。②细小污渍用蘸着小苏打水的棉签去除。③喷上醋水，用抹布擦干。

＋

小苏打水　　　　醋水

小苏打水清洗门内侧，醋水清洗门外侧

门内侧

小苏打水

①在抹布上喷上小苏打水。②擦拭门把手。③门内侧也擦干净。

门外侧

 +

小苏打水　醋水

①喷上小苏打水，用橡胶刷子去除污渍，用抹布擦拭把手。②在抹布上喷上醋水。③擦拭整扇门。

小苏打糊

+

醋水

小苏打糊+醋清洗鞋柜

①把鞋子从鞋柜中拿出来，用扫帚或掸子掸掉沙子或灰尘。②在污渍上涂上小苏打糊，用牙刷刷掉污渍。③鞋柜外侧门用含醋水的抹布擦拭。

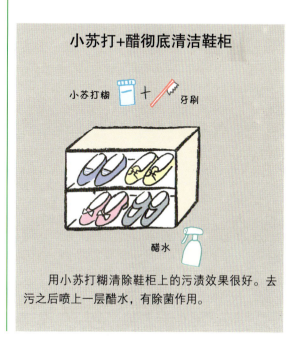

用小苏打糊清除鞋柜上的污渍效果很好。去污之后喷上一层醋水，有除菌作用。

窗明几净，整个房间也会更加明亮
用小苏打轻松清洁窗户四周

去除玻璃上的油漆

不必用油污专门溶解剂，只用醋水即可

醋水

沾在窗户玻璃上难看的油漆，用醋水就可以彻底清除掉。
①在玻璃的油漆污渍上盖上一层化妆棉。化妆棉上再喷上一层醋水，放置1小时以上。
②用塑料刮刀轻轻刮掉污渍，注意不要划伤玻璃。

用碳酸水把玻璃擦得又干净又明亮

①把碳酸水倒进喷雾器里，喷在玻璃上，再用海绵擦拭。

②用柔软的布轻轻摩擦。
※如果用加了砂糖的碳酸水，窗户会变得黏糊糊的，要用不加糖的碳酸水。

1

2

3

清洗纱窗

按照从上到下的顺序，用小苏打+醋清洗纱窗

醋水 ＋ 小苏打粉

　　纱窗细小的网格上积累了很多的灰尘，清洗起来特别麻烦。但是，如果用小苏打和醋，就可以不用摘掉纱窗而轻松清洗。清洗时，会有水滴落在窗台上，在下面垫块布就可以。

①在浸了水的刷子上撒上小苏打粉。

②将刷子从上到下移动，清洗纱窗。

③用湿海绵擦拭纱窗。完成之后，再用含有醋水的抹布擦干。

清洗窗帘

只要喷上一层醋水，就能保持窗帘干净

醋水

　　整个窗帘的清洗，会是一个很大的工程。但如果平时清洁，推荐使用吸尘器和醋水。因为醋水有杀菌、除臭的功效，只要轻轻一喷，窗帘就可保持清洁干净。除此之外，醋水还可以消除烟味，非常实用！

①用吸尘器慢慢地吸走整个窗帘上的尘土。

②再喷上一层醋水，让它自然干燥。

清除窗框污渍

用小苏打糊清除窗框污渍，牙刷是主角

小苏打糊

　　窗框容易被人们忽视，其实，这里容易堆积很多的灰尘。用吸尘器吸走灰尘后，用小苏打糊和牙刷来清洗顽固污渍，窗框就会焕然一新。

　　①用一次性筷子或者竹签，把窗框里的灰尘掏出来。

　　②用吸尘器吸走脱落的灰尘。

　　③牙刷蘸一些小苏打糊，摩擦顽固污渍。

　　④用水冲洗，还可用吸水性好的海绵或抹布吸水，再擦干。

特脏的窗帘首先要水洗

　　在吸尘后的窗帘上喷上醋水，去掉污渍后，容易产生斑痕。所以，污渍顽固的窗帘，要在喷洒醋水之前，先用洗衣机洗净。

认真清洁，去除顽固污渍

用小苏打清除地板上的污渍

地毯的油渍

小苏打粉　　肥皂　　醋水

用小苏打+肥皂+醋清除顽固油渍

　　浸入地毯纤维中的油渍很难清洗，但用小苏打、肥皂、醋的组合，还是可以彻底清除的。如果放置时间过长，就容易产生斑痕，所以要及时清洗。

①在污渍上撒上小苏打粉，放置一会儿。

②用湿海绵蘸取肥皂液。

③用②的海绵擦拭污渍。

④再喷上醋水。

⑤用毛巾擦干。

地毯的果汁污渍

用小苏打吸收果汁，再用吸尘器吸干净

小苏打粉

如果不小心把果汁洒到地毯上，首先要把水分吸干，要立刻撒上小苏打粉。为了避免留下斑痕，要及时快速清洗。

①用抹布等把水分吸干。

②在有果汁的污渍上撒上小苏打粉。

③用手指慢慢揉搓，放置一晚。

④第二天，用吸尘器吸干净。

地毯的口香糖污渍

先用醋来软化，再清除口香糖

醋

在粘到地毯里的口香糖上倒一点醋，口香糖就会变得柔软，容易被清除。

①把口香糖大致抠掉，滴上几滴醋，放置10~15分钟。

②用化妆棉把软化的口香糖擦掉。

③用水擦干净。

地毯的呕吐污渍

小苏打可以一扫而净呕吐物的臭味和污渍

小苏打粉

对于残留在地毯上的呕吐物的臭味，撒上大量小苏打可以清除。同时，也可以彻底清除留下的污渍。

①用报纸将呕吐物清扫后，在污渍上撒上大量小苏打，盖住污渍，放置2~3小时。

②用报纸将小苏打擦掉。

③剩下的小苏打用吸尘器吸干净。

树脂地板上的污渍

用小苏打糊代替去污粉

小苏打糊

树脂地板破损的部位容易积累灰尘，变成顽固的黑色污渍。破损部位越细长，污渍越难以清除。那么就用小苏打糊来清洁吧！用海绵不断地擦拭，就可轻松去除污渍。

①在污渍上涂上小苏打糊。

②用海绵反复擦拭，去掉顽固污渍。

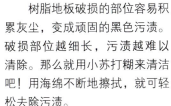

清除墨水污渍

在污渍上涂满小苏打糊，放置一会儿，让它凝固。去掉凝固的糊后，撒上小苏打粉，用海绵摩擦去污。

去除卧室异味和污渍，营造舒适环境
用小苏打清洁家具

布艺沙发

小苏打清除布艺沙发的异味

小苏打粉

布艺沙发的异味是整个房间有味的原因之一，那么撒上小苏打来除味吧。对于难以拆下沙发套清洗的布艺沙发，这种方法更有效。

①在整个沙发上撒上小苏打粉，放置2小时左右。
②用吸尘器吸干净上面的小苏打。

皮质沙发

小苏打糊

小苏打糊清除皮革上的霉斑

皮质沙发因受潮而易滋生霉斑，如果少量，可以用小苏打糊来清除，但是这种方法不能用于毛革沙发。

①在霉斑上涂上小苏打糊，放置一个晚上，用牙刷刷掉污渍。
②再用水擦拭。
③擦干之后，涂上皮革专用蜡油，增加光泽。

毛巾被和毛毯

小苏打粉清除毛巾被和毛毯上的异味

小苏打粉

一直放在壁橱里的毛巾被和毛毯，拿出来的时候有种发霉的味道，用小苏打来除味吧！

①在毛巾被和毛毯上均匀地撒上小苏打粉。

②把毛巾被和毛毯翻过来叠好，放置2小时左右。

③用吸尘器吸干净小苏打，拿到户外晾晒。

墙上的贴纸

发挥小苏打糊的研磨作用

小苏打糊

这种方法也可用于去掉瓶子上的贴纸。先在贴纸上涂上小苏打糊，用手指像画圆一样摩擦。如果不容易磨掉，再用海绵摩擦。去掉贴纸后，再用水擦拭干净。

餐桌

用有抗菌作用的醋水擦洗餐桌

醋水

　　用来放各种食物的餐桌需要经常保持干净，特别是食物留下的痕迹，时间长不容易清洗掉，会变成顽固污渍，所以更要养成用后清洗的好习惯。利用醋水的杀菌、抗菌作用，可以使餐桌时常保持干净清爽。

　　①在整个餐桌上喷上醋水。

　　②用干抹布擦干净。

壁橱、鞋柜

在空气不流通、容易产生霉味的壁橱里，用小苏打做的简易除味剂可以防止发霉

小苏打粉

　　壁橱和鞋柜空气不流通，很容易产生霉味。放一个小苏打简易除味剂就可以轻松预防。每隔2~3个月更换瓶里的小苏打。

　　①在容器里放进小苏打。

　　②把纱布盖在瓶子上。

　　③用线把纱布绑好。

用抹布轻轻擦拭怕受潮的家电
用小苏打水清除家电的污渍

电视机

 小苏打水 + 醋水

擦掉静电聚集的灰尘，还电视机闪亮的外表

如果直接在电视机上喷水，水汽就会深入到电视机内部，导致电路出现故障。一定要先在毛巾上喷水，然后再擦拭电器。在清洁之前，一定要拔掉电源插头。

①在毛巾上喷上小苏打水。

②擦拭电视机上的污渍。

③在毛巾上喷洒醋水，再擦拭一遍。

电脑键盘

用小苏打水擦拭后，一定要擦掉水汽

 小苏打水

日常生活中，电脑是必不可少的。每天都要接触的键盘，常常满是汗渍和食物残渣。首先拔掉电源，用小苏打水擦拭污渍，最后一定要擦掉水汽。但是，注意不要用小苏打水擦拭电脑屏幕。

在毛巾上喷上小苏打水，慢慢地擦拭污渍。最后，再用干净毛巾擦拭一次。

电话

用小苏打水清除电话上的汗渍和异味

小苏打水

　　人们常常会忽视经常使用的电话上的污渍。手拿的部位和键盘周围有很多汗渍，话筒也容易产生异味。这时，用小苏打水就能迅速清除汗渍和异味。

①在毛巾上喷上小苏打水。

②切掉电话的电源，把污渍擦拭干净，最后再用毛巾擦干。

空调

用小苏打清洗出风口的霉味

小苏打糊

　　淡季闲置的空调会积累很多灰尘，注意要每月用小苏打清洗空调一次。而且，用小苏打来清洁出风口，可以消除霉味。

①用海绵蘸取小苏打糊。

②用①的海绵擦拭空调的出风口。

③最后用抹布擦拭干净，晾干。

电风扇

为了下一次能舒适地使用，在储存之前用小苏打水清洁

小苏打水

电风扇的护罩和扇叶等，只要使用一季，就会发现沾了很多灰尘和油污。必须用小苏打水清洗后，再整理储存。但是扇叶材质不同，有的比较容易划伤，所以，要先在不起眼的位置试一下，再清洗整个扇叶。

①拔掉电源，卸掉护罩和扇叶。
②在海绵上喷上小苏打水。
③用②的海绵擦拭扇叶。
④用水冲洗干净。
⑤轻轻地擦掉水汽。

⑥用喷有小苏打水的抹布擦拭护罩部分。
⑦用⑥的海绵擦拭电风扇表面和底座，最后，用抹布擦干。

去除玄关处的污垢
用小苏打清除玄关的污渍

玄关口

用小苏打使劲擦洗鞋子留下的泥沙

小苏打粉

用小苏打代替洗涤剂，用湿刷子使劲地擦，这样不会使灰尘乱飞，能清洗干净。

在玄关口撒上小苏打，用湿刷子擦洗污渍。最后，用水冲洗干净，晾干。

※然后清扫，把小苏打和污渍全部清理干净。

蹭鞋垫

用小苏打清理玄关蹭鞋垫的灰尘

小苏打粉

容易进入人们视线的玄关蹭鞋垫，应该时常保持干净。人们经常出入的地方，会累积很多的灰尘，所以要对蹭鞋垫及时清洗。用小苏打进行去污和除味，现在就开始吧！

①在整个玄关蹭鞋垫上撒上小苏打粉。

②用手指把撒上的小苏打粉涂均匀，稍微放置一段时间。

③用吸尘器吸干净。

皮鞋

在不伤害皮鞋的基础上，用小苏打糊清除污渍

小苏打糊

在涂鞋油之前，要先用小苏打糊把污渍去掉，主要是去掉细小的垃圾和灰尘。

①在软布上抹上小苏打糊。

②用①的软布擦拭鞋上的污渍，稍微放置一会儿，然后涂上鞋油。

运动鞋

用小苏打来清除运动鞋的臭味

小苏打粉

运动鞋的臭味，可以用直接撒上小苏打的方法来清除。

在穿鞋之前，先在鞋中撒上小苏打粉。有臭味，就多撒一些小苏打，放置一个晚上。穿的时候，把里面的小苏打倒掉。

解不开的鞋带

你有过因解不开鞋带而焦急的经历吗？对付鞋带的结，也可以用小苏打。手指蘸一些小苏打，摩擦打结的位置，鞋带就不可思议地解开了！

小苏打可吸收鞋的臭味和湿气，防止发霉

小苏打粉

自己很喜欢或很贵重的鞋子，擦干净了放进鞋盒，却有可能发霉。在鞋盒里事先撒上小苏打，就能抑制霉菌的繁殖，除去讨厌的臭味。与鞋柜的清洁一样，放进鞋盒的小苏打也要定期更换哦！

①把鞋取出来，在鞋盒底部撒上小苏打。

②把鞋放在小苏打粉上，保存起来。

鞋用香囊

旧袜子可再利用，做成外表可爱的鞋用香囊

制作方法简单的鞋用香囊，放入摆在玄关的鞋子里，除味效果可以持续2~3个月！

①旧袜子和紧身衣裤等，可截取脚尖部分约15厘米，加入1杯小苏打粉和自己喜欢的精油20滴左右，混合均匀。

②用橡胶绳绑紧开口后，再加上丝带做装饰。

③把香囊放在鞋口部位。

※香囊就是香荷包。

小苏打粉

精油

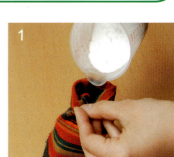

家庭清洁知识专栏

活用精油，利用植物的力量保持清新

善于利用精油的清洁效果和放松效果，以快乐充实的心情来做清洁

现代生活中，精油越来越受到人们的关注。植物中提取出来的成分，被凝聚在精油中，精油拥有让人平静的神奇力量，能够使我们的身心放松。

精油主要的用法，有舒缓享受的香熏浴、精油按摩和皮肤护理等。

用于清洁的精油，有香熏浴的放松效果和精油自身所拥有的消毒和杀菌作用两个主要功效。

茶树精油杀菌能力很强，对于呼吸系统也有帮助。它的特点是具有清新的香味，还有抗菌、杀菌和消毒作用。

众所周知，薄荷精油的主要特点是有薄荷脑的香味，除具有对清洁有利的消毒作用之外，还有提神的神奇作用。

玫瑰精油拥有香草般清爽的香味，它的消毒作用对清洁很有帮助。

适用于清洁的精油，不仅仅具有消毒杀菌等直接功效，它们的香味也可以使我们的日常生活变得更愉悦。

最后，提醒大家使用精油的几个基本注意事项。

· 精油原液不能直接接触皮肤

· 精油不能口服

· 根据个人体质选择适合的精油

注意以上的事项，活用精油，家庭清洁就会变得更愉快，身心也会更放松。

精油在香精专营店售卖。这里介绍的精油，都是常见的可以买到的品牌。

浴室、卫生间的清洁

用小苏打+醋彻底清除霉点和水垢

　　浴室、卫生间的清洁，主要是清除霉点和水垢！用小苏打去掉霉点，用醋使水垢剥离，保持浴室、卫生间的干净整洁，开始行动吧！

Bathroom
Toilet

　附着在水龙头上的顽固污渍，用醋+小苏打糊来清除，效果很好。污渍清除后，水龙头变得闪闪发光。

　对于附着在浴缸上的水垢和皮脂等顽固污渍，用小苏打+肥皂来清除。

　用醋水来清洁卫生间，活用醋水的抗菌作用，保持卫生间地板和马桶的清洁。

　用小苏打制成的浴室发泡剂，美容效果超好！泡在浴缸里，皮肤会变得光滑滋润。

用**小苏打**+**醋**营造清洁的浴室空间

小苏打糊+醋防止发霉

小苏打糊 + 醋水

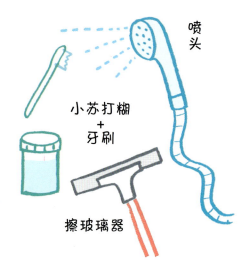

喷头

小苏打糊
+
牙刷

擦玻璃器

①用小苏打糊在发霉的地方摩擦，用水冲洗。②洗完澡后，取下喷头用凉水刷洗，降低浴室的温度。③用家用擦玻璃器将水分擦掉。④最后，在整个浴室内喷洒醋水。

洗完澡后，在整个浴室喷洒醋水，可防止发霉。

小苏打+醋去除浴缸上的水垢和皮脂

小苏打粉

＋

醋水

① 在浴缸内侧撒上小苏打粉。② 在海绵上喷洒醋水。③用②的海绵擦拭浴缸。④先用水冲洗，再擦干水分。

醋水

醋水
＋
小苏打粉

先用醋水再用小苏打清洗门上的污渍

①喷洒醋水，放置数分钟。②用撒有小苏打的海绵来擦拭污渍。③用水冲洗后，再擦干水分。

小苏打清除浴帘上的霉斑

在用水打湿的海绵上撒上小苏打粉。用海绵擦拭浴帘，然后用洗衣机洗涤。

小苏打粉

小苏打+醋清洁淋浴器的污渍

喷头

1

小苏打糊 + 醋水

2

3

①把喷头放在醋水中，浸泡一个晚上。②在喷头上涂上小苏打糊，用牙刷刷掉污渍。③用水冲洗干净。

水管

1

小苏打粉

①在湿海绵上撒上小苏打粉。②用海绵裹住水管擦拭，然后用水冲洗干净。

2

小苏打粉

+

醋水

小苏打+醋清除墙壁的污渍

①在毛巾上撒上小苏打粉，再喷上醋水。②在小苏打和醋起反应时，用抹布擦拭墙壁。③用水冲洗，然后擦干水分。

小苏打+醋清除排水口的黏液

小苏打粉

+

醋

①去掉排水口的护罩，用化妆棉取出毛发等垃圾。②向排水口撒1杯小苏打，再加入半杯醋。③确认起泡之后，塞上木塞子，放置大约30分钟。④用热水冲洗干净。

1

2

3

浴缸水位线的顽固水垢

肥皂+小苏打清除顽固水垢

肥皂 ＋ 小苏打粉

　　浴缸的水位线部分容易累积热水的水垢。对付粗涩顽固的水垢，要用肥皂+小苏打进行集中清理。经常使用加入小苏打成分的浴盐，水垢就不容易累积。

①在湿海绵上倒上肥皂液。

②在①的海绵上再撒上小苏打，擦拭顽固污渍。

③用水冲洗干净，最后擦干水汽。

浴室墙壁上的霉斑

小苏打+牙刷去除浴室墙壁上的黑霉斑

小苏打糊

浴室墙壁的缝隙容易滋生霉菌，一定要多加注意。用牙刷清除霉斑吧！在牙刷上涂上小苏打糊，然后摩擦霉斑部分。最后用水冲洗干净。

洗脸盆上的水垢

小苏打水瞬间清除洗脸盆上的水垢

小苏打水

洗脸盆等盛水用具上附着的水垢污渍，喷上小苏打水后，用海绵擦拭，就可完全清除。使用含有小苏打成分的沐浴盐，这样在泡澡的同时，还能够清除水垢，一举两得。

①在海绵上喷上小苏打水。

②用①的海绵擦拭污渍，再用水冲洗。如果是顽固污渍，要在海绵上撒上小苏打粉，再次擦拭污渍。

1

浴室的瓷砖接缝

用小苏打糊将瓷砖接缝擦洗干净

小苏打糊

2

瓷砖的接缝是污渍最容易藏匿的地方，因此清洁时要格外注意。同时要注意，霉斑也要用小苏打糊和牙刷清除哦！

① 在牙刷上涂上小苏打糊，以瓷砖接缝为中心进行摩擦。

② 用海绵擦拭全部瓷砖，去掉上面的污渍。

③ 用水冲洗干净。

3

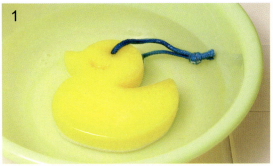

沐浴海绵除菌

发挥醋的抗菌作用，
防止海绵上的细菌繁殖

醋水

　　每天用来擦洗身体的海绵之类物品，也要时常清洗。醋有抗菌作用，用海绵蘸醋水，就能防止细菌繁殖。在阳光下晒干，海绵就会恢复清洁。
　　① 在洗脸盆里倒上醋水，把沐浴海绵放进去，浸泡一个晚上。
　　② 用水漂洗几遍，然后在阳光下晒干。

肥皂盒的污渍

用醋水浸泡去除肥皂
渣等污渍

醋水

　　用醋水来去除附着在浴室小物件上的肥皂渣，效果很好。不仅仅是肥皂盒，洗发液和护发素等附着的污渍，也都能用醋水清洗干净。
　　① 在洗脸盆里倒上醋水，把肥皂盒放进去，浸泡一个晚上。
　　② 用海绵擦掉污渍后，用水冲洗。擦掉水汽，晾干留用。

1

小苏打浴盐

用小苏打加精油的浴盐，在享受香味的同时，皮肤也变得光滑

小苏打粉 ＋ 精油

在浴缸里加入小苏打浴盐，皮肤就会变得光滑湿润，并能享受到泡澡后的惬意。推荐在小苏打中加入精油。用于放松的有薰衣草精油，用于振作精神的有葡萄柚精油，有清凉功效的是玫瑰精油。

①在容器中加入2大勺小苏打。

②再加入自己喜欢的精油2滴左右，混合均匀，然后倒进浴缸。

2

小苏打浴盐的保存方法

小苏打浴盐未用完，要在密封容器中储存，建议在2周之内用完。

用小苏打水擦拭身体

用溶有小苏打的水擦拭皮肤，会感觉瞬间清凉

小苏打粉

　　小苏打水能够清除身体表面的污渍，使人感觉清爽。如遇生病或受伤而不能泡澡的时候，一定要试试这种方法。在夏天或在运动后使用此方法，还能防止汗味，非常方便。

　　①在洗脸盆里加入80%的热水，倒入3~4大勺小苏打，搅拌溶解。

　　②把毛巾在水里浸湿，然后拧干。

　　③用②的毛巾轻轻地擦拭身体，如果觉得小苏打没有完全溶解，就用浸有干净热水的毛巾再擦一遍。

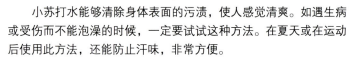

用小苏打泡澡的3大乐趣

　　把小苏打作为浴盐使用，有很多神奇的效果，大家知道是什么吗？

　　第一，肌肤变得光滑，全身感到清爽舒适。如果加入精油，还能闻到诱人的香味。第二，对浴缸有清洁效果。小苏打能够抑制水垢附着在浴缸上，剩下的洗澡水还可以作为小苏打水，用于各种清洁工作，非常有利于生态环保！第三，用于足浴，可以去除脚部浮肿和臭味。

　　通过"小苏打浴"，可以快乐舒适地度过泡澡时间，享受生活的乐趣。

心情舒畅

小苏打洗浴剂

 +

小苏打粉 + 精油

用小苏打发泡剂洗浴，让身心一起放松

材料

小苏打·····················70克
柠檬酸·····················35克
玉米淀粉····················10克
香草粉（温和型）········· 1克
底油（葡萄籽油）····· 5毫升
精油（薰衣草）········ 1毫升
模具（直径4.2厘米）··· 1个
树脂保鲜膜················适量

① 在干净的碗里加入小苏打、柠檬酸、玉米淀粉、香草粉等，用勺子搅拌均匀。

② 在①的混合物中，分2~3次加入底油和精油。

③ 把②的混合物放进模具。

④ 用保鲜膜盖住，再用手指肚一点点地反复按压。

⑤ 把模具倒过来，轻轻拍打底部，挤出里面的东西。放置4~5小时凝固就完成了。

及时清洁卫生间
用小苏打+醋清洁卫生间

小苏打粉

马桶内侧

在污渍形成黑色或者黄色固体之前，用小苏打来彻底清洁

每天都要使用卫生间马桶，水位的边界线部分累积很多的污渍。在污渍没有变得顽固之前及时清洗，就不会产生黑色或者黄色的固体，清洁工作也比较轻松。养成用小苏打清洁的习惯吧！

① 在马桶内侧撒上小苏打粉，浸泡5~10分钟。
② 用厕刷摩擦污渍，用水冲洗干净。

马桶外侧

发挥醋水的杀菌和抗菌作用，消除令人讨厌的臭味

醋水

马桶外侧的清洁总是容易被人遗忘。掀开马桶盖，会意外地发现已经累积不少污渍，用力地擦拭就可去除污渍。

喷上醋水，用抹布或者卫生纸擦拭污渍。

醋水

+

小苏打糊

1

2   3

把小苏打糊和醋水分开使用，清洁卫生间水箱

（手盆部分）①在污渍上涂上小苏打糊，用牙刷去除污渍。②用湿海绵擦拭。

（水龙头部分）①水龙头部位用浸着醋水的纸包起来，放置2~3小时。②细小污渍用牙刷刷掉。③用水冲洗，再用抹布擦干。

醋水＋小苏打清洁马桶

醋水

+

小苏打粉

①用卫生纸盖住污渍。②喷上醋水，放置约1小时。③撒上小苏打粉，用刷子刷掉污渍，然后用水冲洗干净。

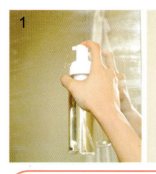

醋水清洁镜子

①在整个镜面上喷上醋水。②用软布擦掉醋水和污渍。

醋水

小苏打水

+

醋水

小苏打+醋清洁洗脸台

①在毛巾上喷洒小苏打水。②用①的毛巾擦拭洗手台。③最后喷上醋水，用毛巾擦拭。

小苏打糊+醋清洁储物架

①在污渍上涂上小苏打糊，用牙刷用力刷。②喷上醋水，再用毛巾擦拭干净。

小苏打糊

+

醋水

碳酸水也能清除镜面污渍

①把碳酸水倒进喷雾器中。②在整个镜面上喷上碳酸水。③用家用擦玻璃器擦掉水分，再用软布擦拭干净。

※加入砂糖的碳酸水容易变得黏糊糊的，推荐使用普通碳酸水。

小苏打+醋清洁洗脸池排水口

1

小苏打粉

+

醋水

2

3

4

①用化妆棉清除排水口残留的毛发等杂物。②在排水口撒上小苏打粉。③用海绵擦拭。④用水冲洗干净后，喷上一层醋水。

小苏打清除洗衣机内的发霉物，用醋清除肥皂渣

清除发霉物

转动洗衣机时，向里面加入1/2~1杯的小苏打。平时使用小苏打来清洗，附着在洗衣机壁上的霉斑也会慢慢剥离，达到清洁效果。

小苏打粉

清除肥皂渣

①在洗衣机里放水，到达最高水位，然后加入2~3杯醋。②让洗衣机旋转数分钟，放置一个晚上，第二天放掉水即可。

醋

水箱

小苏打粉

只要加入小苏打就可轻松去除污渍，消除水箱的阻塞现象

你遇到过水箱突然出水不顺的情况吗？这时，在水箱中加入小苏打，就可消除阻塞现象。

在水箱中加入1杯小苏打，浸泡一个晚上，第二天用水冲洗干净。

卫生间地板

用醋水来清洁卫生间地板

地板上到处都是水和垃圾，整个卫生间会很脏，所以不要忘记卫生间地板的清洁哦。用醋水来清除污渍和臭味，还卫生间一个干净舒适的空间吧！

①在地板上喷上醋水。

②用抹布或者卫生纸擦拭地板。

醋水

可用小苏打来除臭

只要在卫生间里放上小苏打，就可以达到彻底除臭的效果。除臭后的小苏打，还可以用于马桶和水箱的清洁，很方便吧！

①把小苏打放进纸杯或者开口瓶子中。

②把①的小苏打放在卫生间的角落，每隔2~3个月更换1次。

厕刷

在进行清洁之前，先把厕刷和马桶清洗干净

小苏打粉

清洁用具很脏，那么清洁本身就没有意义了。所以要把厕刷的污渍清洗掉。利用马桶，把厕刷浸泡在小苏打水中，同时马桶也会变得干净。用具干净了，也就能顺利开展清洁了。

① 在马桶中倒入1杯小苏打。

② 把厕刷放进去，浸泡大约2~3小时。

③ 用溶解有小苏打的水来清洗马桶，厕刷和马桶都会变得干净，真是一举两得。

卷纸筒

用小苏打来清除卷纸筒上的汗渍和灰尘

小苏打粉

卷纸筒上的污渍会给人一种不清洁感。而且，这里是手经常碰到的地方，会沾染污渍，那么，就用小苏打擦拭污渍，保持干净整洁吧！

① 在湿抹布上撒上小苏打，擦拭卷纸筒。

② 擦掉水分。

不放过细小·的污渍
用小苏打营造明亮干净的洗脸台

水龙头

用浸过醋水的卫生纸包住水龙头，去掉上面的水垢

小苏打糊　＋　醋水

附着在水龙头金属部分的水垢，可以用小苏打糊＋醋来清除。水龙头变得干净明亮，整个洗手台的清洁度也会跟着提高。最后，不要忘记擦干水分哦。

①用浸过醋水的卫生纸包住水龙头的污渍，放置2~3小时。

②细小污渍用蘸有小苏打糊的牙刷来摩擦清除。

③用水冲洗干净后，再用抹布擦干水分。

用小苏打水轻轻擦拭灯泡上的灰尘

小苏打水

　平时不容易注意到的灯泡，累积了很多污渍和灰尘。通过清洁照明用具，灯光和洗手台会立刻变得明亮。

①确认关掉电源后，取下灯泡。

②用喷有小苏打水的毛巾擦拭污渍，最后一定要擦干水分。

清除洗脸台上化妆品的污渍

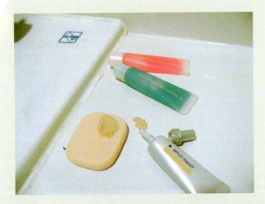

　　放在洗脸台上的化妆品沾染了污渍时，可以活用小苏打来去除。先用卫生纸等大致擦掉污渍，再用喷有小苏打水的毛巾擦拭。作为清洁的基本常识，最好及时清洗。对于顽固污渍，就用蘸有小苏打糊的牙刷来清理。污渍会乖乖地离开哦！

家庭清洁知识专栏

为了轻松清洁，先了解一下异味的性质吧

与油相关的臭味是酸性，其他的都是碱性，了解臭味的性质，可以更加有效地除臭

小苏打＋醋的清洁力量之一，就是"除味作用"。与市售的芳香剂相比，它们不含人工香精，建议一定要活用它们的神奇效果哦！

臭味和污渍一样，都有酸性或碱性的属性。

如果不知道性质，的确很难有效清除异味。比如，鱼的腥味属于碱性，如果不用酸性的醋来除味，就不能很好地除臭。因此，了解异味的性质，就能更轻松、更快捷地清洁。

那么，到底怎样才能了解异味的性质呢？

简单说，就是判断异味是不是因为油而产生的。

如果是因为油而产生的异味，就是酸性的，可以用碱性的小苏打来清除。这里所说的"油"，包括各种皮脂，比如与体味相关的鞋臭和头发味，都可以用小苏打来去除。

如果不是与油有关的异味就是碱性的，可以用酸性的醋来清除。马桶的氨水味和烟味，都属于这一类。

如果乱用小苏打或醋来除味，是不可能充分发挥作用的。正确地认识异味产生的原因，才可以更有效地去除异味。

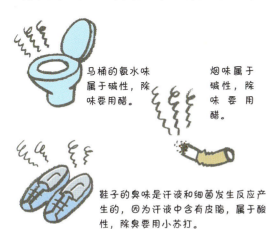

马桶的氨水味属于碱性，除味要用醋。

烟味属于碱性，除味要用醋。

鞋子的臭味是汗液和细菌发生反应产生的，因为汗液中含有皮脂，属于酸性，除臭要用小苏打。

如何对付复合型污渍

使用小苏打+醋清洁的原则，就是要在污渍复合化之前，尽早将其清除

污渍的种类

酸性

厨房
- 油污
- 生活垃圾的异味
- 排水口的污渍

小苏打作用大

卫生间
- 黄色固体，水垢
- 尿渍

浴室
- 水垢
- 肥皂渣

房间
- 香烟味

醋作用大

碱性

使用小苏打+醋清洁时，最重要的是，不同的地方要使用不同的用品。虽然小苏打和醋都拥有良好的清洁作用，但它们各自对应的污渍的种类不同，如果不能正确掌握各自属性，就不能切身感受到自然环保的清洁效果，那岂不可惜?

"污渍的种类"可能你会认为有很多，但其实不然。污渍的种类大致可以分为酸性和碱性两种。只要掌握了这两个性质，进行清洁时，无论什么样的污渍都能轻松去除。

对因为身体出油而造成的酸性污渍，用碱性的小苏打最有效。这种油污，多数在厨房和我们平时接触的地方。但是，还有的油污在空气中飞散、与灰尘结合形成污渍。由此可见，污渍也有由酸性和其他物质结合形成的复合型污渍。

复合型污渍，也就是平时所说的"顽固污渍"，很不容易清除。推荐大家使用本书介绍的小苏打+醋的组合来去除顽固污渍。

　　碱性复合型污渍，是由碱性污渍与其他物质结合形成的。比如，盛水用具上的碱性污渍。水容易产生污渍，但水渍并不容易累积，等到察觉污渍时，大多已经形成了复合型污渍，也就是难以处理的顽固污渍。

　　因此，顽固污渍都是因放置不管，任其复合化而形成的。清洁的原则就是"察觉到就马上清洗"，也就是要在污渍复合化之前清洗。本书介绍的小苏打＋醋，如果在变成顽固污渍之前使用，就可以简单轻松地去除污渍。

其他物品的清洁

无论是衣服、汽车还是宠物，都可以发挥小苏打的清洁作用

　　小苏打并不局限于室内清洁，对各种污渍都可以发挥其清洁作用。因为是安全放心的天然材料，所以也适用于婴儿或者宠物。了解这些用法，生活会更方便。

Other cleaning

在宠物身上撒上小苏打粉，用梳子梳洗，去除污渍和异味。

不能水洗的玩具熊，用小苏打可将污渍、异味一扫而空。

汽车的前挡风玻璃只要用小苏打擦拭，就会立刻变得干净，而且不用担心划伤。

顽固皮脂污渍聚集的领子和袖口，利用小苏打+醋来清除。

更多、更方便的小苏打+醋活用法

小苏打+醋的万能清洁组合，
对于生活中的小物件、衣服、汽车等的去污，
也很有效果。
因为是对环境无害的天然材料，
还适用于敏感的婴儿用品和宠物。
让我们充分活用小苏打和醋，
尽情享受每天干净舒适的生活吧！

纯银首饰

小苏打粉

使暗淡变黑的银饰重新回复光泽

银饰上的黑斑，就用小苏打来清洗，使它重新变得闪闪发亮吧。但是，这种方法不适于嵌有宝石的银饰。

① 在1毫升热水中加入3大勺小苏打粉。

② 把银饰用铝箔包起来。

③ 把②的铝箔放进①的热水中，浸泡约10分钟。

④ 拿出后去掉铝箔，用水冲洗干净，再擦干水分。

旧硬币

小苏打糊

找回随着时间而失去光泽的硬币的光辉

出国旅行带回来的国外硬币或纪念章，这些珍贵的纪念品随着时间的流逝变得色泽暗淡，不用担心，用小苏打糊来擦拭硬币，就可以轻松找回原有的光泽。但是古董硬币所特有的古风会随着清洗而消失，所以要谨慎清洗哦！

① 在旧硬币上涂上小苏打糊，用手指擦拭。

② 用水冲洗干净，擦干。

用小苏打可彻底清洁
不能水洗的玩具熊

小苏打粉

　　小孩子们最喜欢的玩具熊，经常被抚摸或者被拿过食物的手碰触。很多玩具熊都是不能用水洗的，但实际上，它们已经很脏了。为了让孩子们可以放心地玩耍，就用小苏打来去除上面的污渍吧！

　　① 把玩具熊放进塑料袋里，然后加入小苏打粉。

　　② 握紧塑料袋口，用力摇晃，放置约15分钟。最后，用刷子或者吸尘器把玩具熊上的小苏打吸干净。

清除烟味

　　事先在烟灰缸底部撒上小苏打粉，就可抑制烟味。如果烟灰不断增加，就再撒上小苏打粉，能够提高除臭效果。

烟灰缸

用小苏打除去
烟灰和烟味

小苏打粉

　　只用水洗而不能完全洗净的烟灰缸，可用小苏打代替洗涤剂来清除污渍。使用前，先在烟灰缸底部铺上一层小苏打，不仅可以吸收异味，还可以防止烟灰乱飞。

　　① 把烟灰倒掉后，在烟灰缸里撒上小苏打粉。

　　② 用海绵擦拭污渍。

104

去除斑痕和污渍，延长衣物的使用寿命

用小苏打+醋清除衣服的污渍

领口、袖口的污渍

用小苏打+醋来清除明显的皮脂污渍

小苏打糊　+　醋水

渗透到领口和袖口中的皮脂污渍，利用小苏打和醋的发泡反应来去除。

①在领口和袖口的污渍上涂上小苏打糊。在不伤害质地的前提下，用力摩擦污渍，然后放置约15分钟。

②喷上醋水，使其发泡，然后按照普通方法进行清洗。

清除衣服上的血渍

在血渍上洒上碳酸水，放置一段时间。污渍清除后，按照普通方法来清洗。

※尽量避免使用加入砂糖的碳酸水，要使用普通无糖碳酸水。

衣服上的果汁

洒上果汁后马上处理，喷上醋水，去除污渍

醋水

不小心在衣服上洒了果汁之类的液体，及时清洗就不会留下痕迹。用醋水就能把污渍彻底清除。

① 在污渍的内侧和外侧都垫上卫生纸，在上面喷洒醋水。

② 从上面再盖上另外一张卫生纸。

③ 污渍被②的卫生纸吸收。

反复进行①~③，直到污渍被彻底清除。

翻毛皮革上的污渍

用小苏打慢慢刷掉翻毛皮革上的污渍

小苏打粉

翻毛皮革等精致材料很难在家里清洗。对付不起眼的污渍，就交给小苏打吧。在污渍上撒上小苏打，用牙刷慢慢地刷，讨厌的污渍就能彻底被清除掉。

① 在污渍上撒上小苏打。

② 小心不要划伤皮革，用牙刷慢慢摩擦，去除污渍。污渍清除后，抖掉上面的小苏打粉。

游泳后的泳衣

游泳池里的盐酸和小苏打产生中和反应，可延长泳衣的使用寿命

小苏打粉

　　游泳后，用过的泳衣如果不及时清洗，游泳池里的盐酸成分就会破坏泳衣的质地。洗涤之前，用小苏打来中和盐酸，就能延长泳衣的使用寿命。同时，也能清除掉盐酸的异味。

　　①在洗脸盆里倒入80%的水，然后加入1大勺小苏打。

　　②把泳衣浸在①的水里，浸泡2~3小时。

　　③倒掉洗脸盆里的小苏打水，再用清水手洗。

熨斗上的焦痕

用醋水来清除熨斗上的焦痕

醋水

　　如果熨斗上有焦痕，那么熨衣服时就容易把衣服弄脏。所以一旦发现有焦痕，要马上用醋水来清除。但是，直接把醋水喷到熨斗上，就有可能造成故障。一定要先把醋水喷在软布上，然后用软布擦拭熨斗。

　　①确认熨斗完全冷却之后，在软布上喷洒醋水。

　　②用①的软布擦拭清除污渍和焦痕。

园艺护理也可用小苏打，使植物蓬勃生长

增加叶子的光泽

擦拭叶子表面的灰尘，使绿色更加鲜艳

小苏打水

观赏植物让人们感到心神安稳，有种不可思议的愉悦精神的作用。但是，如果叶子上积累了很多灰尘，愉悦效果和装饰氛围就会大打折扣。用小苏打水擦拭叶子，就会使其绿色更加鲜亮。小苏打是天然环保材料，不会伤害植物。

① 在毛巾上喷洒小苏打水。
② 用①的毛巾擦拭叶子。

培育甘甜的西红柿

发挥小苏打的神奇魔力，使家庭菜园中的西红柿更加香甜

小苏打粉

现在，家庭菜园很受欢迎。如果要培育西红柿，请一定要使用小苏打。小苏打可以驱逐虫害，降低西红柿的酸性，增加甜味。

在西红柿根部的土壤上，轻松撒上一层小苏打粉。

安全的杀虫剂

用小苏打制成的杀虫剂，对人和植物都无害

小苏打粉

对付危害珍贵观赏植物的害虫，使用小苏打制成的杀虫剂，就可驱除虫害。而且，对人和植物都没有不利影响，对环境也无害。

① 把1小勺小苏打和1/3杯植物色拉油混合均匀。

② 用①的混合物2小勺和1杯水搅拌均匀，倒进喷雾器。

③ 直接在植物上喷洒②的溶液。

使植物生长旺盛

只需要洒上小苏打水，植物就会变得更加旺盛

小苏打粉

如果植物看起来有点蔫，就用小苏打、卤水和氮素的混合物给植物施肥吧。叶子变得茂盛，植物就更加生气勃勃。每次施肥的量以一棵低矮植物1升为标准。

① 喷壶内加入4升水，然后放1小勺小苏打，1小勺卤水，1/2小勺氮素，搅拌均匀。

② 直接给植物施肥。

为花朵保鲜

小苏打可保持鲜花长时间的美丽

小苏打粉

鲜花的寿命很短，很快就会枯萎。其实，小苏打有延长鲜花寿命的功效。在花瓶中溶解一些小苏打，水就不容易变馊。只要水质不变坏，花就能长时间保持鲜艳。这个方法很值得一试哦！

① 在花瓶中倒入1杯水，加入1小勺小苏打，使其溶解。
② 将花插在花瓶里。

细口花瓶的清洗

醋和米一起浸泡能彻底去除花瓶中的水垢

大多数花瓶的设计都很可爱，作为观赏物装饰在屋子里，非常漂亮。但是，细口花瓶很难清洗，牙刷根本到不了瓶子内部，会残留清洗不到的水垢。在花瓶中加入醋水和米，就能清除水垢。

① 在花瓶中加入适量的醋，放置2~3小时。

② 在①的醋中加入1小勺大米。

③ 用手捂住花瓶口，用力摇晃。然后倒掉其中的大米，再用水冲洗干净。

醋

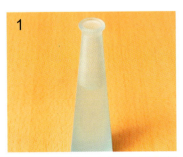

为爱车清洁也可用小苏打

用小苏打清除汽车的污渍，不会划伤车体

车体上的污渍

不损伤汽车的烤漆表面，轻松清除污渍

小苏打糊

　　汽车需要时常保持闪亮光泽。车体有污渍时，可以试着用小苏打来清理。小苏打作为汽车用的去污粉，效果相当好。颗粒柔软的小苏打，不会损伤车体的烤漆，还能除去全部污渍。

　　①在湿毛巾上，涂上薄薄一层小苏打糊。

　　②用①的毛巾擦拭污渍，一个斑点都不要漏掉，然后放置约5分钟。

　　③把②的小苏打糊擦掉，用水冲洗干净。

清除掉烤漆表面的污渍后，保险杠和车轮也采用同样的方法，涂上薄薄的一层小苏打糊，从汽车的上部开始清洁，渐渐地向下部推进，可以高效率地把整个车体清洁得干干净净。

前挡风玻璃

用小苏打轻松去除前挡风玻璃上的污渍

小苏打粉

前挡风玻璃上的污渍会遮挡人们的视线，如果看不清前方的情况，会影响正常开车，是非常危险的。察觉到有污渍，就要及时用小苏打来清洁。这样不需要花很大功夫，就能轻松去除污渍。

①在湿海绵上，撒上小苏打粉。

②用①的海绵擦拭污渍。

③再用拧干的毛巾把表面擦干净。

洗车用的洗涤剂

可清洗整个车身且对环境无害的洗涤剂

 +

肥皂　　小苏打粉

用含有小苏打洗涤剂的海绵擦拭整个车身，可以轻松去除灰尘和雨渍等污渍。这种含有小苏打的洗涤剂，就算直接接触皮肤，也不会使皮肤变得粗糙。对市售洗涤剂敏感的人，推荐使用这种洗涤剂哦！

①在塑料桶里倒入4升水，加入4大勺小苏打。

②在①的溶液里再加入2/3杯肥皂液，搅拌均匀。

※洗车的时候，把这种洗涤剂和1杯温水混合均匀后使用。

汽车座椅

不能整个水洗的汽车座椅，用小苏打可随时保持干净整洁

小苏打粉

不能摘掉水洗的汽车座椅，用小苏打去污，效果很好。而且，对于在车内累积的食物残渣和烟味等，及时撒上小苏打粉，还能发挥其除味功效。把小苏打装进带盖的瓶子里，作为车内常备物品，用时非常方便。

① 在座椅上撒上小苏打粉，放置一段时间。

② 用吸尘器吸走小苏打粉。

汽车烟灰缸

先在烟灰缸里铺上小苏打粉，可以抑制车内的烟味

小苏打粉

车内的烟味常常令人很不愉快。使用烟灰缸之前，先在里面铺上一层小苏打粉，就可以除臭，这也是一种礼貌的表现。

把烟灰缸清理干净之后，在底部铺上大约1厘米厚的小苏打粉。

用小苏打清洗手上沾的汽油

一不小心，手上就会沾上汽油。使用小苏打，能够清除臭味和黏糊糊的感觉。

① 直接在手上撒上小苏打。

② 用湿纸巾擦拭。

用对肌肤有益的小苏打清洗全身

自制洁面乳

用小苏打洁面乳，
彻底清除毛孔污渍

小苏打粉

对付鼻子周围的毛孔黑头污渍，使用小苏打很有效。小苏打的颗粒非常细小柔软，能够在对皮肤没有伤害的情况下去掉污渍。

① 在碗里加入1大勺小苏打和2小勺橄榄油。

② 整体搅拌成糊。

使用方法：

用温水洁面后，在毛孔粗大处涂上制成的糊。轻轻地按摩肌肤，再好好用水冲洗干净。

自制剃须膏

只需事先涂上，剃须后
的肌肤就会感觉清爽

小苏打糊

把小苏打糊作为剃须膏使用，剃须之后肌肤极有清爽感。在被剃须刀划伤的肌肤上涂上小苏打糊，还能够减轻疼痛。

制作水分充足的小苏打糊，作为剃须膏使用。

自制去死皮霜

瞬间去除变硬的角质层

小苏打粉

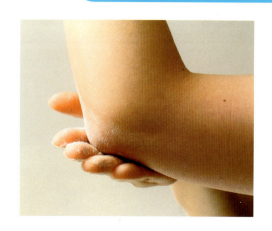

　　胳膊肘、膝盖、脚后跟等位置，用小苏打摩擦，就可去掉死皮，让皮肤变得更加光滑。

　　小苏打2小勺和甘油1小勺混合均匀，涂到胳膊肘、膝盖等位置。手就像画圆一样地进行按摩，然后用水冲洗干净。

充当止汗剂

令人不快的汗渍和异味，用小苏打就可将它们一扫而光

小苏打粉

　　夏天或者运动后，会出很多的汗，这时就该小苏打出场了。撒上一层小苏打，肌肤汗渍黏糊糊的感觉就会消除，而且还能抑制汗味。

① 在出汗的部位撒上小苏打。

② 把①的小苏打用手涂抹均匀。

充当洗牙粉

用小苏打保持口气清新，防止蛀牙，还你亮白健康的牙齿

小苏打粉

把小苏打作为洗牙粉使用，就会使口气保持清新，而且使牙齿光彩闪耀。在预防蛀牙方面，也很有效果。

在湿牙刷上撒上小苏打粉，直接用来刷牙。

清洁粉扑

发挥小苏打的力量清除粉扑上的污渍

小苏打粉

直接接触脸部的粉扑需要保持干净。如果用小苏打，就会惊奇地发现，污渍全都不见了。

①在洗脸盆里倒入1升热水，加入4大勺小苏打，使其溶解。

②把粉扑放进①的溶液里，浸泡一个晚上。

③用棉签清除细小的污渍，最后，用水漂洗干净，晾干备用。

自制漱口水

用小苏打制成的漱口水，让清爽的感觉持续不断

小苏打粉

可用小苏打漱口水来保持清新的口气。吃了味道很重的东西后，能够使口气恢复清新。

在1/2杯水中加入1小勺小苏打，混合均匀，然后用它漱口。

1

清洁发梳

用小苏打来清除梳子上的污渍

小苏打粉

2

梳子上带有头皮的油脂，显得非常脏，用小苏打就可彻底清除污渍。

① 在洗脸盆里倒入热水，加入2/3杯小苏打，搅拌均匀。

② 把梳子放进①的溶液里，浸泡一个晚上。第二天早上，用水冲洗干净，烘干备用。

用环保有益的小苏打，可放心地进行清洁
婴儿用品和宠物也可用小苏打清洁

用小苏打水浸泡去除尿布的异味

小苏打粉

　　附着在尿布上的污渍和异味，在洗涤之前，只要用小苏打水浸泡一下，就可把污渍去除干净。

　　在塑料桶里倒入4升水和1/2杯小苏打，然后把尿布放进去浸泡1~2小时。然后，按照普通方法清洗。

清洗奶瓶

利用小苏打的杀菌作用，可保持奶瓶的卫生

小苏打粉

　　直接接触婴儿嘴的奶瓶，要努力清除污渍、杀菌抗菌。那么，用小苏打来保持奶瓶的干净清洁吧！

①在大碗里倒入热水，加入3大勺小苏打，使其溶解。

②把奶瓶放进①的溶液里，浸泡一个晚上。

1

2

3

清洁行李箱

均匀撒上小苏打粉，彻底吸收行李箱的湿气和异味

小苏打粉

　　暂时不用的行李箱在收起来之前要撒上一层小苏打粉，这样下次使用的时候，不至于因为霉味而烦恼。用小苏打就能够保持经常干净的状态，非常方便。

① 在行李箱中撒上小苏打粉。
② 原封不动地收起来。
③ 使用之前，用吸尘器把小苏打粉吸干净。

耐热的奶瓶

　　在热水中，加入3大勺小苏打，把奶瓶放进去，煮沸3分钟，清洁效果良好。

宠物的清洁

不能每天都洗澡的
宠物，更要保持身体的
清洁

醋水

+

小苏打粉

用小苏打+醋不仅能去除污渍，还可以除臭。

① 在宠物身上撒上小苏打粉。

② 用刷子刷毛，去掉污渍和小苏打粉。

③ 在容器中加入1升水和1杯醋，混合均匀，把毛巾浸泡在里面。

④ 把③的毛巾拧干，擦洗宠物全身。

宠物食盆的清洁

防止食物中有虫子，
守护宠物的健康

小苏打粉

如果宠物吃的食物中有虫子，是多么令人担心啊！在食盆周围事先撒上小苏打粉，就能防虫。

1

2

宠物耳部的清洁

可以用小苏打来减轻宠物耳部瘙痒

小苏打水

宠物挠耳朵时，就用小苏打水来擦拭它的耳部。耳部的瘙痒减轻了，宠物的紧张感就会消除。至于耳部瘙痒的原因，最好向兽医详细咨询。

① 在洗脸盆里倒入温水，加入适量的小苏打，把毛巾浸泡在里面。

② 把①的毛巾拧干，擦拭宠物耳部。

宠物项圈的清洁

用小苏打水清洗宠物项圈上的污渍

小苏打水

1

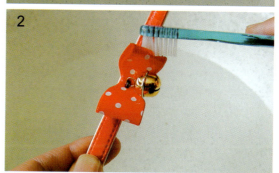

2

宠物每天都戴在身上的项圈容易附着污渍和有异味，可用小苏打水除去这些污渍和异味。其他的物件，如宠物的小衣服等，也可以用同样的方法清洁。

① 在温热的小苏打水中浸泡项圈。

② 用牙刷刷掉污渍，然后用水冲洗干净。

深入了解小苏打
家庭清洁问与答

 小苏打种类不同，颗粒大小也不一样，使用时，有什么影响吗？

 颗粒大的小苏打，研磨作用较强。

小苏打有颗粒细小的种类，也有如砂糖粒一样较大的种类，虽然颗粒大小不一样，但它们的作用是一样的。颗粒小的小苏打容易与水溶合，操作时比较容易，颗粒大的小苏打研磨作用较强。

小苏打（碳酸钠）和发酵粉有什么区别？

 发酵粉是加工食物的小苏打。

用于食物的发酵粉，是小苏打（碳酸钠）和粉末状的酸混合后的产物。发酵粉并不是不能用于家庭清洁，只是它的清洁效果不是很理想。

 用柠檬酸代替醋来清洁，但用过后有黏糊糊的东西残留，为什么？

 如果柠檬酸浓度高，就会有黏液残留。

对于不喜欢醋味的人们，可以使用柠檬酸来清洁。但是，如果柠檬酸浓度过高，就会有黏液残留。标准的分量，是"1杯水里加入1小勺柠檬酸"。

 请告诉我小苏打的保存方法和使用期限。

 如果在通风阴凉处保存，可以使用3年。

小苏打具有吸湿作用，把它放在密闭容器中，置于阴凉处保存。如果保存良好，可以使用3年，如果结块，就轻轻砸开继续使用。开封后长时间放置的小苏打，可以先取少量与醋发生反应，如果有气泡产生，就能继续使用。

用小苏打清洁时，有什么注意事项吗？

使用小苏打可能会产生变色，一定要注意。

　　未加工的木质器具、铝制品，都不能用小苏打清洗。特别是铝制品用小苏打清洗就会变黑，所以一定要多加注意。在色彩浓重的物品上喷上小苏打水，晾干后就会残留有小苏打的白色粉末，这时需要用水或醋水来擦拭去除。而且，对于不能水洗的衣物，最好不要用小苏打清洗。

  用于清洁的小苏打，不经过处理就倒掉，不会对环境有害吗？

使用小苏打，就是为了保护环境。

　　小苏打不仅仅对清洁有帮助，还在中和酸雨、肥化土壤、除去垃圾臭味等环境保护方面，都是有益的。与市售的化学制品和洗涤剂相比，小苏打对环境的保护作用是显而易见的。所以，使用环保的小苏打，就是为了保护环境。

Q7 小苏打是从哪里开采出来的?

A 小苏打的原型是矿石,它被深埋在地下。

　　小苏打是由"重碳酸钠矿石"经过破碎、洗净、加热处理、提炼、溶解等过程,形成结晶状固体,然后风干成粉末而成的。大多数"重碳酸钠矿石"深埋在地下。

Q8 哪种肥皂比较好?

A 肥皂基本上不存在种类区别。

　　使用标有"肥皂质地"的肥皂就可以。但是,有的洗衣用肥皂刺激性很强。担心伤害皮肤的人们,可以选择沐浴用肥皂。

Q9 可以用手直接接触小苏打吗?

A 小苏打对皮肤的刺激很小,可以直接接触。

　　小苏打对肌肤的刺激很小,即使用手直接接触,也不必担心手会变得粗糙。但是,如果是浓度高的糊状物,或者是长时间接触,最好戴上橡胶手套。

忙碌生活&轻松清洁

常用小苏打**商品目录**

小苏打在厨房、卧室、浴室等家庭清洁中发挥着巨大的作用。在大型超市或药店，杂货店或网上商店等处，都可以买到小苏打。

小苏打

　　散装的小苏打粉，使用方便。适用于所有的清洁。

碳酸氢钠

　　在市场上作为药品出售，能够广泛地用于烹饪、家庭清洁、沐浴等。

小苏打

　　清洁自不必说，还可适用于烹饪、除臭等。

日本人常用的简装小苏打

　　这是含重碳酸氢钠99％以上的清洁用小苏打。可以通过邮购，或者到健康食品专营店购买。

日本人常用的精品小苏打

　　可以通过邮购，或者到健康食品专营店购买。除了600克包装，还有1千克、2千克的包装产品。

日本人常用的厨房洗液

　　含有碳酸氢钠99％以上，粉末状的瓶装小苏打，用起来比较方便。

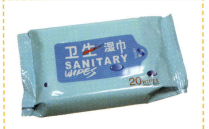

安心厨房用湿巾

把天然小苏打溶解于水，电解后就可以形成碱性水溶液，再把溶液加工成湿巾就可以使用了。

厨房清洁液

把天然小苏打溶解于水，电解后就可以形成碱性水溶液，适用于清洁厨房周围的污渍。

便利容器

小苏打和醋进行清洁前，如果先放到容器里，用起来会很方便。所以要先准备好盛放小苏打粉和小苏打水、醋水等的专用容器。

密闭容器

用于盛放小苏打糊。如果是可以密封的容器，小苏打糊就不容易风干，可延长其使用时间。

喷雾器

用于盛放小苏打水和醋水。贴上标签，用颜色不同的容器分别盛小苏打水和醋水，用时不要弄混了哦！

空罐和空瓶

不必特意买专用的容器，空罐或空瓶就可以。将它们仔细清洗干净，干燥后就可以作为储存容器使用。